Maker Name: _______________________________

3D PRINTING
WORKBOOK / JOURNAL / ORGANISER

(Your 25 projects Notebook)

3djacent Solutions

ISBN: 978-1-7947-3060-1

You're a genius maker.

An experimenter of the future.

Create the 3D printing lifestyle you want.

Let's change the world one 3D printer at a time.

Design, code, print, repeat.

Just don't think out of the box,
create and open new boxes.

Let's get started...

INDEX

Project No.	Model/file name	Page No.

Print Prep

Model /file name: ____

Date: ________________

Printer:
Brand: ______________________   Printer: ______________________

Filament:
Brand: ______________   Material: ______________   Colour:____________

Nozzle temp:____________   **Bed temp:**____________

Layer Height: ____________   **Shell thickness:**____________

Raft: Y/N ____________   **Supports: Y/N** ____________   **Infill %**__________

Speed:
Print:____________   **Travel:**____________   **Infill:**__________

Print time:____________   **Filament amount used:**____________ g/Kg

Prep Notes:

____

____

____

____

____

____

____

____

____

____

____

Print Report

Comments (successes/challenges/errors/lessons learned)

____
____
____
____
____
____
____
____
____
____
____
____
____

Organiser/Planner

Month:_______________________

Mon	Tues	Weds	Thurs	Fri	Sat	Sun

Supplementary Notes, Ideas, and Drawings.

Print Prep

Model /file name: ____

Date: ________________

Printer:
Brand: _____________________   Printer: _____________________

Filament:
Brand: _____________   Material: _____________   Colour:____________

Nozzle temp:____________   **Bed temp:**____________

Layer Height: ___________   **Shell thickness:**____________

Raft: Y/N ___________   **Supports: Y/N** __________   **Infill %**_________

Speed:
Print:____________   **Travel:**_____________   **Infill:**__________

Print time:_____________   **Filament amount used:**__________ g/Kg

Prep Notes:

____

____

____

____

____

____

____

____

____

____

____

____

____

Print Report

Comments (successes/challenges/errors/lessons learned)

____
____
____
____
____
____
____
____
____
____
____
____
____
____

Organiser/Planner

Month:_______________________

Mon	Tues	Weds	Thurs	Fri	Sat	Sun

Supplementary Notes, Ideas, and Drawings.

Print Prep

Model /file name: _______________________________________

Date: _______________

Printer:
Brand: _______________________   Printer: _______________________

Filament:
Brand: _______________   Material: _______________   Colour:_______________

Nozzle temp:_______________   **Bed temp:**_______________

Layer Height: _______________   **Shell thickness:**_______________

Raft: Y/N _______________   **Supports: Y/N** _______________   **Infill %**_______________

Speed:
Print:_______________   **Travel:**_______________   **Infill:**_______________

Print time:_______________   **Filament amount used:**_______________ g/Kg

Prep Notes:

____

____

____

____

____

____

____

____

____

____

____

Print Report

Comments (successes/challenges/errors/lessons learned)

____
____
____
____
____
____
____
____
____
____
____
____
____
____

Organiser/Planner

Month:___________________

Mon	Tues	Weds	Thurs	Fri	Sat	Sun

Supplementary Notes, Ideas, and Drawings.

Print Prep

Model /file name: _______________________________________

Date: _______________

Printer:
Brand: _______________________   Printer: _______________________

Filament:
Brand: _______________   Material: _______________   Colour:_____________

Nozzle temp:_____________   **Bed temp:**_______________

Layer Height: _____________   **Shell thickness:**_____________

Raft: Y/N _____________   **Supports: Y/N** _____________   **Infill %**_____________

Speed:
Print:_______________   **Travel:**_______________   **Infill:**_____________

Print time:_______________   **Filament amount used:**_____________ g/Kg

Prep Notes:

____
____
____
____
____
____
____
____
____
____
____
____

Print Report

Comments (successes/challenges/errors/lessons learned)

____
____
____
____
____
____
____
____
____
____
____
____
____
____

Organiser/Planner

Month:_____________________

Mon	Tues	Weds	Thurs	Fri	Sat	Sun

Supplementary Notes, Ideas, and Drawings.

Print Prep

Model /file name: _______________________________________

Date: _______________

Printer:
Brand: ____________________   Printer: ____________________

Filament:
Brand: _______________   Material: _______________   Colour: ____________

Nozzle temp: ____________   **Bed temp:** ____________

Layer Height: ____________   **Shell thickness:** ____________

Raft: Y/N ____________   **Supports: Y/N** ____________   **Infill %** ________

Speed:
Print: ______________   Travel: ______________   Infill: __________

Print time: ______________   **Filament amount used:** __________ g/Kg

Prep Notes:

____

____

____

____

____

____

____

____

____

____

____

Print Report

Comments (successes/challenges/errors/lessons learned)

____
____
____
____
____
____
____
____
____
____
____
____
____
____
____

Organiser/Planner

Month:_____________________

Mon	Tues	Weds	Thurs	Fri	Sat	Sun

Supplementary Notes, Ideas, and Drawings.

Print Prep

Model /file name: _______________________________________

Date: _______________

Printer:
Brand: ___________________   Printer: ___________________

Filament:
Brand: _____________   Material: _____________   Colour:__________

Nozzle temp:__________   **Bed temp:**___________

Layer Height: __________   **Shell thickness:**__________

Raft: Y/N __________   **Supports: Y/N** _________   **Infill %**________

Speed:
Print:____________   **Travel:**____________   **Infill:**__________

Print time:____________   **Filament amount used:**_________ g/Kg

Prep Notes:

____

____

____

____

____

____

____

____

____

____

____

____

Print Report

Comments (successes/challenges/errors/lessons learned)

____
____
____
____
____
____
____
____
____
____
____
____
____

Organiser/Planner

Month:_______________________

Mon	Tues	Weds	Thurs	Fri	Sat	Sun

Supplementary Notes, Ideas, and Drawings.

Print Prep

Model /file name: _______________________________________

Date: ______________

Printer:
Brand: ___________________   Printer: ___________________

Filament:
Brand: _____________   Material: _____________   Colour:__________

Nozzle temp:___________   **Bed temp:**___________

Layer Height: __________   **Shell thickness:**___________

Raft: Y/N __________   **Supports: Y/N** _________   **Infill %**_________

Speed:
Print:______________   **Travel:**______________   **Infill:**__________

Print time:______________   **Filament amount used:**_________ g/Kg

Prep Notes:

____

____

____

____

____

____

____

____

____

____

____

Print Report

Comments (successes/challenges/errors/lessons learned)

____
____
____
____
____
____
____
____
____
____
____
____

Organiser/Planner

Month:_____________________

Mon	Tues	Weds	Thurs	Fri	Sat	Sun

Supplementary Notes, Ideas, and Drawings.

Print Prep

Model /file name: _______________________________________

Date: ________________

Printer:
Brand: ___________________   Printer: _____________________

Filament:
Brand: _____________   Material: _____________   Colour:___________

Nozzle temp:____________   **Bed temp:**____________

Layer Height: ___________   **Shell thickness:**___________

Raft: Y/N ___________   **Supports: Y/N** __________   **Infill %**________

Speed:
Print:______________   **Travel:**______________   **Infill:**___________

Print time:______________   **Filament amount used:**__________ g/Kg

Prep Notes:

____

____

____

____

____

____

____

____

____

____

____

Print Report

Comments (successes/challenges/errors/lessons learned)

____

____

____

____

____

____

____

____

____

____

____

____

____

____

Organiser/Planner

Month:____________________

Mon	Tues	Weds	Thurs	Fri	Sat	Sun

Supplementary Notes, Ideas, and Drawings.

Print Prep

Model /file name: _______________________________________

Date: _______________

Printer:
Brand: ____________________   Printer: ___________________

Filament:
Brand: _____________   Material: _____________   Colour:___________

Nozzle temp:___________   **Bed temp:**___________

Layer Height: ___________   **Shell thickness:**___________

Raft: Y/N ___________   **Supports: Y/N** _________   **Infill %**_________

Speed:
Print:______________   **Travel:**_______________   **Infill:**__________

Print time:______________   **Filament amount used:**___________ g/Kg

Prep Notes:

____
____
____
____
____
____
____
____
____
____
____

Print Report

Comments (successes/challenges/errors/lessons learned)

____
____
____
____
____
____
____
____
____
____
____
____
____

Organiser/Planner

Month:_______________________

Mon	Tues	Weds	Thurs	Fri	Sat	Sun

Supplementary Notes, Ideas, and Drawings.

Print Prep

Model /file name: _______________________________________

Date: _______________

Printer:
Brand: _____________________   Printer: ______________________

Filament:
Brand: ______________   Material: _____________   Colour:__________

Nozzle temp:___________   **Bed temp:**____________

Layer Height: ___________   **Shell thickness:**___________

Raft: Y/N ___________   **Supports: Y/N** __________   **Infill %**________

Speed:
Print:_____________   **Travel:**_______________   **Infill:**__________

Print time:_____________   **Filament amount used:**__________ g/Kg

Prep Notes:

____

____

____

____

____

____

____

____

____

____

____

Print Report

Comments (succeses/challenges/errors/lessons learned)

____
____
____
____
____
____
____
____
____
____
____
____
____
____

Organiser/Planner

Month:_______________________

Mon	Tues	Weds	Thurs	Fri	Sat	Sun

Supplementary Notes, Ideas, and Drawings.

Print Prep

Model /file name: ____

Date: _______________

Printer:
Brand: ____________________   Printer: _____________________

Filament:
Brand: _____________   Material: ____________   Colour:__________

Nozzle temp:__________   **Bed temp:**____________

Layer Height: __________   **Shell thickness:**__________

Raft: Y/N __________   **Supports: Y/N** _________   **Infill %**________

Speed:
Print:____________   **Travel:**____________   **Infill:**________

Print time:____________   **Filament amount used:**__________ g/Kg

Prep Notes:

____

____

____

____

____

____

____

____

____

____

____

Print Report

Comments (successes/challenges/errors/lessons learned)

____
____
____
____
____
____
____
____
____
____
____
____
____

Organiser/Planner

Month:_______________________

Mon	Tues	Weds	Thurs	Fri	Sat	Sun

Supplementary Notes, Ideas, and Drawings.

Print Prep

Model /file name: _______________________________________

Date: _______________

Printer:
Brand: _____________________   Printer: _____________________

Filament:
Brand: _______________   Material: _______________   Colour:___________

Nozzle temp:___________   **Bed temp:**____________

Layer Height: ___________   **Shell thickness:**___________

Raft: Y/N ___________   **Supports: Y/N** ___________   **Infill %**_________

Speed:
Print:_____________   **Travel:**_______________   **Infill:**___________

Print time:_____________   **Filament amount used:**___________ g/Kg

Prep Notes:

____

____

____

____

____

____

____

____

____

____

____

____

Print Report

Comments (successes/challenges/errors/lessons learned)

____
____
____
____
____
____
____
____
____
____
____
____
____
____

Organiser/Planner

Month:_______________________

Mon	Tues	Weds	Thurs	Fri	Sat	Sun

Supplementary Notes, Ideas, and Drawings.

Print Prep

Model /file name: _______________________________________

Date: _______________

Printer:
Brand: ______________________   Printer: ______________________

Filament:
Brand: ______________   Material: ______________   Colour:____________

Nozzle temp:____________   **Bed temp:**____________

Layer Height: ____________   **Shell thickness:**____________

Raft: Y/N ____________   **Supports: Y/N** ____________   **Infill %**__________

Speed:
Print:______________   **Travel:**______________   **Infill:**____________

Print time:______________   **Filament amount used:**____________ g/Kg

Prep Notes:

____
____
____
____
____
____
____
____
____
____
____
____

Print Report

Comments (successes/challenges/errors/lessons learned)

____

____

____

____

____

____

____

____

____

____

____

____

____

Organiser/Planner

Month:_______________________

Mon	Tues	Weds	Thurs	Fri	Sat	Sun

Supplementary Notes, Ideas, and Drawings.

Print Prep

Model /file name: _______________________________________

Date: _______________

Printer:
Brand: ___________________   Printer: _____________________

Filament:
Brand: ______________   Material: _____________   Colour:___________

Nozzle temp:___________   **Bed temp**:______________

Layer Height: ___________   **Shell thickness:**____________

Raft: Y/N ___________   **Supports: Y/N** __________   **Infill %**________

Speed:
Print:______________   **Travel:**_______________   **Infill:**__________

Print time:_______________   **Filament amount used:**__________ g/Kg

Prep Notes:

____

____

____

____

____

____

____

____

____

____

____

____

Print Report

Comments (successes/challenges/errors/lessons learned)

____
____
____
____
____
____
____
____
____
____
____
____
____

Organiser/Planner

Month:_______________________

Mon	Tues	Weds	Thurs	Fri	Sat	Sun

Supplementary Notes, Ideas, and Drawings.

Print Prep

Model /file name: ____________________________________

Date: ______________

Printer:
Brand: ____________________   Printer: ____________________

Filament:
Brand: ____________   Material: ____________   Colour:__________

Nozzle temp:__________   **Bed temp:**__________

Layer Height: __________   **Shell thickness:**__________

Raft: Y/N __________   **Supports: Y/N** ________   **Infill %**________

Speed:
Print:____________   **Travel:**______________   **Infill:**__________

Print time:____________   **Filament amount used:**__________ g/Kg

Prep Notes:

____

____

____

____

____

____

____

____

____

____

____

____

Print Report

Comments (successes/challenges/errors/lessons learned)

____
____
____
____
____
____
____
____
____
____
____
____
____

Organiser/Planner

Month:_____________________

Mon	Tues	Weds	Thurs	Fri	Sat	Sun

Supplementary Notes, Ideas, and Drawings.

Print Prep

Model /file name: _______________________________________

Date: _______________

Printer:
Brand: ____________________   Printer: ____________________

Filament:
Brand: _____________   Material: _____________   Colour:___________

Nozzle temp:___________   **Bed temp:**____________

Layer Height: ___________   **Shell thickness:**___________

Raft: Y/N ___________   **Supports: Y/N** _________   **Infill %**________

Speed:
Print:______________   **Travel:**______________   **Infill:**__________

Print time:______________   **Filament amount used:**__________ g/Kg

Prep Notes:

____

____

____

____

____

____

____

____

____

____

____

____

Print Report

Comments (successes/challenges/errors/lessons learned)

____

____

____

____

____

____

____

____

____

____

____

____

____

Organiser/Planner

Month:________________________

Mon	Tues	Weds	Thurs	Fri	Sat	Sun

Supplementary Notes, Ideas, and Drawings.

Print Prep

Model /file name: _______________________________________

Date: _______________

Printer:
Brand: _____________________   Printer: _____________________

Filament:
Brand: _____________   Material: _____________   Colour:___________

Nozzle temp:___________   **Bed temp:**____________

Layer Height: ___________   **Shell thickness:**___________

Raft: Y/N ___________   **Supports: Y/N** _________   **Infill %**_________

Speed:
Print:_____________   **Travel:**______________   **Infill:**__________

Print time:_____________   **Filament amount used:**__________ g/Kg

Prep Notes:

____

____

____

____

____

____

____

____

____

____

____

____

Print Report

Comments (successes/challenges/errors/lessons learned)

____
____
____
____
____
____
____
____
____
____
____
____
____
____

Organiser/Planner

Month:_______________________

Mon	Tues	Weds	Thurs	Fri	Sat	Sun

Supplementary Notes, Ideas, and Drawings.

Print Prep

Model /file name: _______________________________________

Date: _______________

Printer:
Brand: _____________________   Printer: _____________________

Filament:
Brand: _____________   Material: _____________   Colour:___________

Nozzle temp:___________   **Bed temp:**_____________

Layer Height: ___________   **Shell thickness:**___________

Raft: Y/N ___________   **Supports: Y/N** _________   **Infill %**_________

Speed:
Print:_______________   **Travel:**_______________   **Infill:**___________

Print time:_______________   **Filament amount used:**__________ g/Kg

Prep Notes:

____

____

____

____

____

____

____

____

____

____

____

____

Print Report

Comments (successes/challenges/errors/lessons learned)

____
____
____
____
____
____
____
____
____
____
____
____
____
____
____

Organiser/Planner

Month:_______________________

Mon	Tues	Weds	Thurs	Fri	Sat	Sun

Supplementary Notes, Ideas, and Drawings.

Print Prep

Model /file name: ____

Date: ________________

Printer:
Brand: ____________________________   Printer: ____________________________

Filament:
Brand: ______________   Material: ______________   Colour:____________

Nozzle temp:____________   **Bed temp:**______________

Layer Height: ____________   **Shell thickness:**____________

Raft: Y/N ____________   **Supports: Y/N** ____________   **Infill %**__________

Speed:
Print:______________   **Travel:**______________   **Infill:**____________

Print time:______________   **Filament amount used:**____________ g/Kg

Prep Notes:

____

____

____

____

____

____

____

____

____

____

____

____

Print Report

Comments (successes/challenges/errors/lessons learned)

____
____
____
____
____
____
____
____
____
____
____
____
____
____

Organiser/Planner

Month:__________________

Mon	Tues	Weds	Thurs	Fri	Sat	Sun

Supplementary Notes, Ideas, and Drawings.

Print Prep

Model /file name: _______________________________________

Date: _______________

Printer:
Brand: _____________________   Printer: _____________________

Filament:
Brand: ______________   Material: ______________   Colour: ___________

Nozzle temp: ___________   **Bed temp:** ___________

Layer Height: ___________   **Shell thickness:** ___________

Raft: Y/N ___________   **Supports: Y/N** ___________   **Infill %** ___________

Speed:
Print: _______________   **Travel:** _______________   **Infill:** ___________

Print time: _______________   **Filament amount used:** ___________ g/Kg

Prep Notes:

____

____

____

____

____

____

____

____

____

____

____

Print Report

Comments (successes/challenges/errors/lessons learned)

____
____
____
____
____
____
____
____
____
____
____
____
____
____
____

Organiser/Planner

Month:_______________________

Mon	Tues	Weds	Thurs	Fri	Sat	Sun

Supplementary Notes, Ideas, and Drawings.

Print Prep

Model /file name: _______________________________________

Date: ________________

Printer:
Brand: __________________   Printer: __________________

Filament:
Brand: ____________   Material: ____________   Colour:__________

Nozzle temp:__________   **Bed temp:**__________

Layer Height: __________   **Shell thickness:**__________

Raft: Y/N __________   **Supports: Y/N** __________   **Infill %**________

Speed:
Print:____________   **Travel:**____________   **Infill:**__________

Print time:____________   **Filament amount used:**__________ g/Kg

Prep Notes:

____

____

____

____

____

____

____

____

____

____

____

Print Report

Comments (successes/challenges/errors/lessons learned)

____
____
____
____
____
____
____
____
____
____
____
____
____
____

Organiser/Planner

Month:_______________________

Mon	Tues	Weds	Thurs	Fri	Sat	Sun

Supplementary Notes, Ideas, and Drawings.

Print Prep

Model /file name: _____________________________________

Date: _______________

Printer:
Brand: __________________________   Printer: _________________________

Filament:
Brand: ______________   Material: ______________   Colour:__________

Nozzle temp:____________   **Bed temp**:______________

Layer Height: ___________   **Shell thickness:**___________

Raft: Y/N ___________   **Supports: Y/N** _________   **Infill %**________

Speed:
Print:______________   **Travel:**_______________   **Infill:**___________

Print time:______________   **Filament amount used:**_________ g/Kg

Prep Notes:

____

____

____

____

____

____

____

____

____

____

____

____

Print Report

Comments (successes/challenges/errors/lessons learned)

____

____

____

____

____

____

____

____

____

____

____

____

____

Organiser/Planner

Month:_______________________

Mon	Tues	Weds	Thurs	Fri	Sat	Sun

Supplementary Notes, Ideas, and Drawings.

Print Prep

Model /file name: _______________________________________

Date: _______________

Printer:
Brand: _________________________   Printer: ___________________________

Filament:
Brand: _______________   Material: _______________   Colour:____________

Nozzle temp:___________   **Bed temp:**____________

Layer Height: ___________   **Shell thickness:**____________

Raft: Y/N ___________   **Supports: Y/N** __________   **Infill %**_________

Speed:
Print:_______________   **Travel:**_______________   **Infill:**___________

Print time:_______________   **Filament amount used:**____________ g/Kg

Prep Notes:

____
____
____
____
____
____
____
____
____
____
____
____

Print Report

Comments (successes/challenges/errors/lessons learned)

____
____
____
____
____
____
____
____
____
____
____
____
____
____

Organiser/Planner

Month:_______________________

Mon	Tues	Weds	Thurs	Fri	Sat	Sun

Supplementary Notes, Ideas, and Drawings.

Print Prep

Model /file name: ____

Date: ______________

Printer:
Brand: ____________________   Printer: ____________________

Filament:
Brand: _____________   Material: _____________   Colour:__________

Nozzle temp:___________   **Bed temp:**___________

Layer Height: ___________   **Shell thickness:**___________

Raft: Y/N ___________   **Supports: Y/N** _________   **Infill %**_________

Speed:
Print:_____________   **Travel:**_____________   **Infill:**__________

Print time:_____________   **Filament amount used:**__________ g/Kg

Prep Notes:

____
____
____
____
____
____
____
____
____
____
____

Print Report

Comments (successes/challenges/errors/lessons learned)

____
____
____
____
____
____
____
____
____
____
____
____
____
____
____
____

Organiser/Planner

Month:_______________________

Mon	Tues	Weds	Thurs	Fri	Sat	Sun

Supplementary Notes, Ideas, and Drawings.

Print Prep

Model /file name: ___________________________________

Date: _______________

Printer:
Brand: ___________________   Printer: ___________________

Filament:
Brand: ____________   Material: ____________   Colour:__________

Nozzle temp:__________   **Bed temp:**____________

Layer Height: __________   **Shell thickness:**__________

Raft: Y/N __________   **Supports: Y/N** ________   **Infill %**________

Speed:
Print:____________   **Travel:**____________   **Infill:**__________

Print time:____________   **Filament amount used:**__________ g/Kg

Prep Notes:

____

____

____

____

____

____

____

____

____

____

____

Print Report

Comments (successes/challenges/errors/lessons learned)

____
____
____
____
____
____
____
____
____
____
____
____
____
____

Organiser/Planner

Month:________________________

Mon	Tues	Weds	Thurs	Fri	Sat	Sun

Supplementary Notes, Ideas, and Drawings.

About 3djacent Solutions

3djacent is your 3D printing community and services platform where you have access to an exciting array of 3D printing opportunities.

For more information on our products and services please feel free to contact us at:

info@3djacentsolutions.co.uk

www.3djacentsolutions.co.uk